一脚踏进美食世界

美国世界图书出版公司 / 著　　柳玉 / 译

WORLD BOOK　小猛犸童书

马铃薯

電子工業出版社
Publishing House of Electronics Industry
北京 · BEIJING

目录

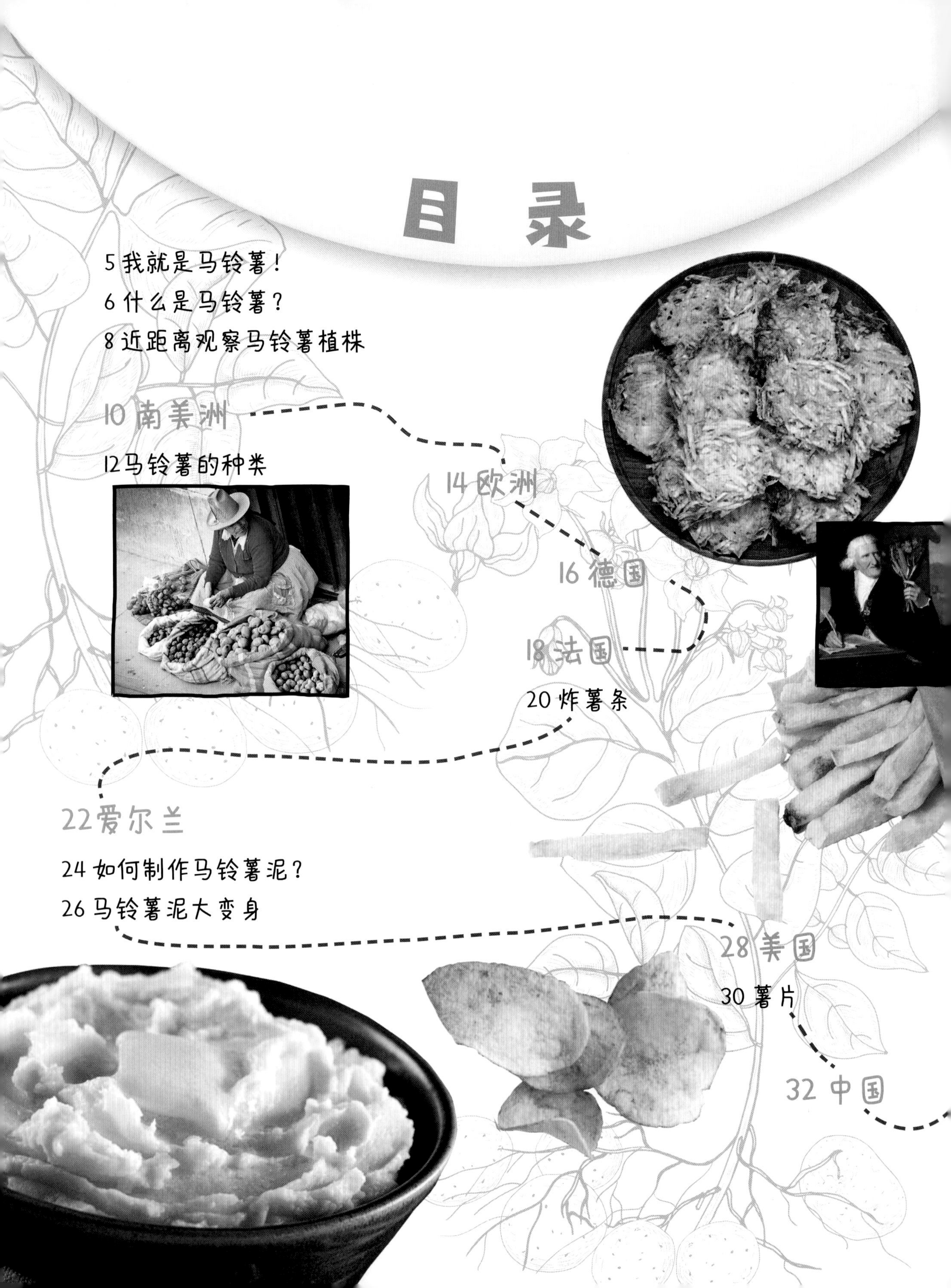

写在前面

这本书里有一些可以让你“一口吃遍世界”的美味菜谱。开始阅读之前，请先翻到第47页看一下温馨提示。仔细阅读书中的菜谱，在使用刀具或燃气灶时，记得一定要找成年人来帮忙。另外，团队协作会使做饭这件事变得更简单也更有趣。快来试试吧！

想不想来一场食物大冒险？就让我来做导游吧，带你踏上这段环游世界的美味旅程，让你对我有一个全方位的了解……

在我们环游世界的旅程中，你或许会遇到一些新的词汇。如果用简单的语言就能解释清楚，我会在你读到这个词语的地方直接加以解释；如果这个词语我用了很多次，或者解释起来比较麻烦，我会把它**加粗并变色**（看起来像这样的字体）显示。加粗显示的词汇会在本书末尾的词汇表中给出详细释义。

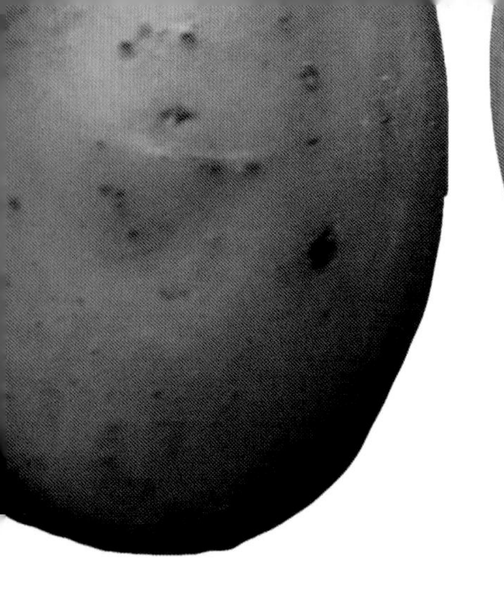

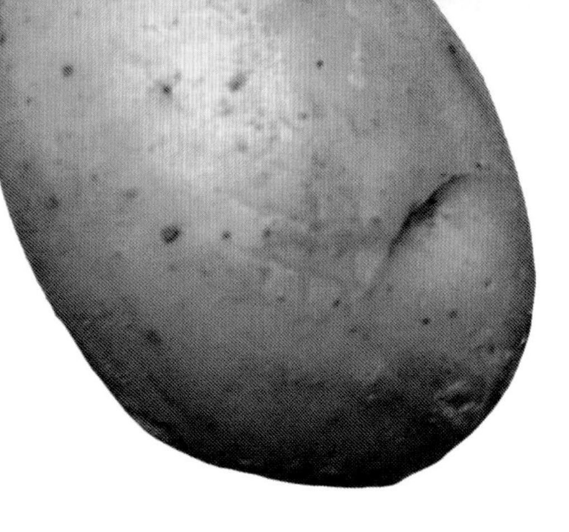

什么是

马铃薯？

不管你怎么想，马铃薯都是世界上最重要、最受欢迎、种植最广泛的农作物之一，人们在早饭、午饭和晚饭时都可以食用它，可以食用新鲜的马铃薯也可以食用加工过的。新鲜的马铃薯可以烤着吃、煮着吃、炸着吃或者做成马铃薯泥吃。加工过的马铃薯有薯片、炸薯条、即食马铃薯泥等形式。马铃薯也是肉菜、炖菜和汤菜的一种主要配料。

马铃薯不仅营养丰富，而且便宜又好吃，在很多国家都是人们基础饮食的一部分。马铃薯是世界第四大粮食作物，仅次于大米、小麦和玉米。

名字的由来

马铃薯的英语单词potato来自加勒比当地语里的batata，原意是红薯，后来到西班牙语里变成patata，最终变成英语里的potato。

挖这个吧！

马铃薯的昵称“土豆”，取自于一种叫作“铁锹”的工具。人们是用铁锹把马铃薯从土里挖出来的。

你知道吗？ 一个马铃薯里80%是水分，20%是其他物质，这些其他物质里大部分是淀粉。马铃薯中含有很多有利于我们人体成长和健康必需的营养成分，这些营养成分包括蛋白质、维生素、矿物质和膳食纤维等。

近距离观察马铃薯植株

马铃薯植株可以长到60~150厘米高，有长长的茎，末端长着宽宽的绿叶。叶子和茎都有毒，不能食用。

马铃薯植株可以吃的部分是它长在地下的厚厚的、淀粉质的像根一样的**块茎**。它可能看起来像是根的一部分，但实际上是马铃薯茎的粗壮部分。根据马铃薯的品种和生长条件，大部分马铃薯植株可以长3~20个块茎。马铃薯块茎一般是圆形或者椭圆形的，有的马铃薯品种也会长出手指形的块茎。

那可太多了！

1974年，据说一个英格兰人种植的一棵马铃薯植株，长出了168千克马铃薯。

块茎

马铃薯的大小从不到2.5厘米到超过25厘米不等，较大的马铃薯可以重达450克，或者更重。

马铃薯的外皮颜色可能是黄色、棕色、白色、粉色、红色或者蓝色的。里面的肉一般是白色的，但也有粉色、紫色或者蓝色的。

你知道吗？农民们用**种薯**种植马铃薯，每一个种薯上至少有一个**芽眼**。茎就是从马铃薯芽眼里长出来的。

超级马铃薯

2008年，一位黎巴嫩的农民挖出了一个比他头还大的马铃薯，重量接近11千克！

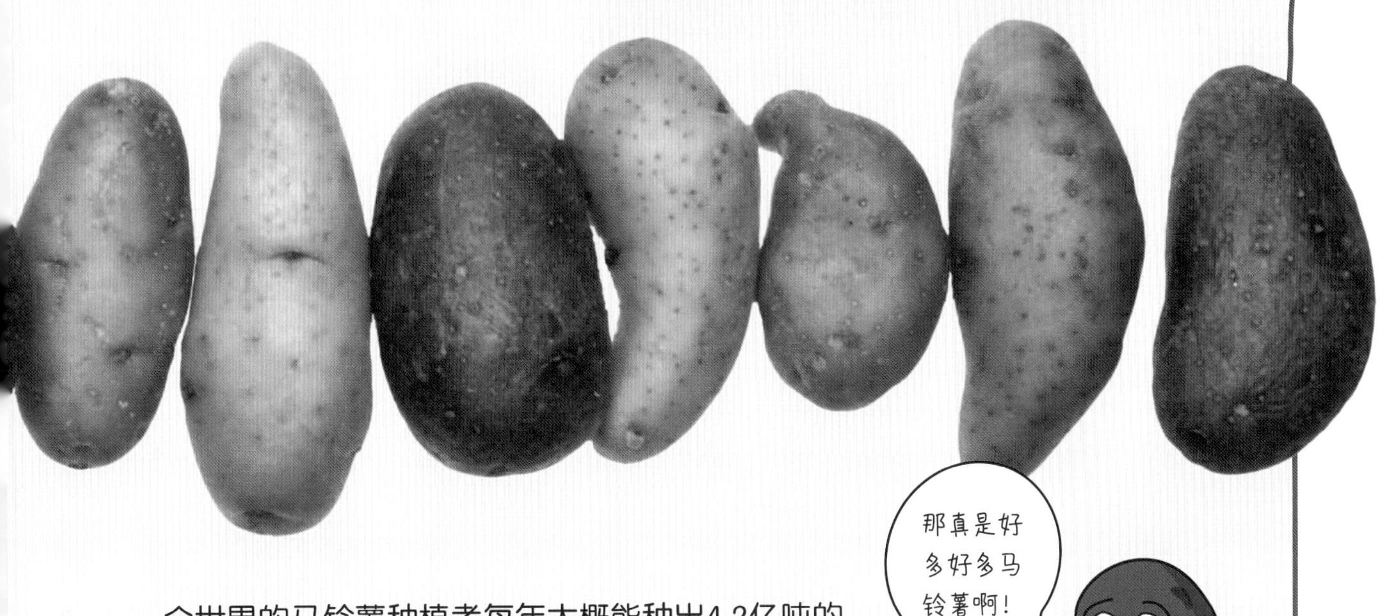

全世界的马铃薯种植者每年大概能种出4.2亿吨的马铃薯。有超过125个国家种植马铃薯，有10亿多人每天都吃马铃薯。

那真是好多好多马铃薯啊！

马铃薯原产于

南美洲

在南美洲安第斯山区的印加人和他们的祖先，早在16世纪初欧洲探险家到达之前就开始种植马铃薯了。考古学家已经找到证据证明，8 000多年前秘鲁就有了马铃薯种植。印加人是南美洲的一个土著民族，他们统治着美洲最大最富裕的王国之一。1532年，西班牙部队征服了印加，但印加文明至今仍在这一地区蓬勃发展。

今天常见的马铃薯的祖先是一种野生植物，生长在玻利维亚和秘鲁之间安第斯山脉高处的的喀喀湖附近。最开始的马铃薯又小又苦又有很多疙瘩。几个世纪以来，人们培育出了更多品种的马铃薯，它们吃起来没有那么苦，且表皮光滑，形状也变成了椭圆形的。

秘鲁盛行很多美味的马铃薯菜肴，其中最受欢迎的是一种叫作炸马铃薯肉丸的食物。它是将马铃薯泥和鸡蛋混合后，放在模具里制成椭圆形，再将美味的牛肉馅放入椭圆形中间被包裹住，然后油炸至酥脆。

你知道吗？ 是印加人发明了冻干马铃薯。他们晚上的时候把马铃薯放在寒冷的高山顶上，再在马铃薯上盖一块布冷冻马铃薯。早上的时候，他们就在布上来回走动挤干马铃薯里的水分。这个重复的过程会将马铃薯捣碎成一个块状的冻干，叫作丘诺，可以储存长达10年。

几点啦？

印加人利用马铃薯的方式多种多样，他们可以根据烹饪马铃薯的时长来确定时间。据说印加人还会把马铃薯敷在断裂的骨头上，以帮助骨头愈合。

时至今日，安第斯山地区的人们仍然种植了很多世界上其他地方没有的、颜色各异的马铃薯品种。在安第斯较凉爽的气候条件下，种有很多绿色或者紫色的马铃薯品种。秘鲁紫薯原产自秘鲁和玻利维亚，从里到外都是漂亮的深紫色。数千年前，紫薯被认为是上帝的食物，只供给印加国王。现在，马铃薯仍然是秘鲁的一种重要食物，秘鲁是南美洲最大的马铃薯生产国。很多村民仍像他们的祖先那样，把马铃薯放在又红又热的炭灰里烤着吃。

马铃薯的种类

马铃薯有四千多种，很多品种只在安第斯山区才有。人们在世界范围内种植了数百种培育出来的马铃薯，每年还会有新的品种增加，这些品种在大小、形状、颜色、口感和口味上均有所区别。

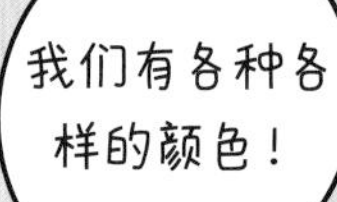

褐色布尔班克

最受欢迎的马铃薯品种之一就是褐色布尔班克，它有着经典的红色厚皮，既能鲜食又能深加工，是用来制作烤马铃薯或炸薯条的最好选择。想象一下，一个烘焙过两次的马铃薯，加上足量的黄油、酸奶油、韭菜或奶酪，太好吃了！

甜蜜的冒牌货

红薯其实不是马铃薯。红薯属于牵牛花科，是一种藤蔓植物，和马铃薯一点关系也没有。

黄肉马铃薯

应用最广泛的马铃薯品种可能就是黄肉马铃薯了，如它的名字一样，它的果肉是黄色的。用这种马铃薯做出来的马铃薯泥最好吃！它略带黄油般的味道，烤着吃也很棒。

红皮马铃薯

红皮马铃薯是一种煮着吃和做马铃薯沙拉都很棒的品种。它个头超大，表皮是红色的，果肉则是白色的。切开炸着吃或者做成马铃薯煎饼、焗马铃薯以及洋葱马铃薯煎饼都很好吃。

它是活的！

马铃薯收获之后仍然是活着的！如果把它放在温暖且有阳光照射的地方，你就会看到它开始慢慢发芽了。如果想要储存的时间更长，需要把马铃薯存放在凉爽、干燥且避光的地方，这样可以存放六个月。

大西洋马铃薯

最经常被用来做薯片的马铃薯品种是大西洋马铃薯，它有乳白色的果肉，有着漂亮的圆圆的外形，个头也差不多。

西班牙探险家首次将马铃薯带回

欧洲

1570年前后，马铃薯到达欧洲并流行起来。营养价值很高的马铃薯在很多欧洲国家，尤其是爱尔兰，变成了一种必不可少的食物来源。但是，这中间也花费了一些时间。

欧洲人也不是一开始就喜欢吃马铃薯的，这可能是因为马铃薯属于茄科，茄科里有一些有毒植物。很多欧洲人相信马铃薯和番茄（另一种“致命茄科植物成员”）一样，是有毒的。

魔鬼的苹果

马铃薯之所以有着“魔鬼的苹果”的外号，是因为人们把茄科植物同巫术联系在了一起。因为马铃薯生长在地下，人们就怀疑它们是由巫师和魔鬼造出来的。很多人还怀疑马铃薯会造成各种可怕的疾病甚至是死亡。

然而，人们也相信马铃薯可以作为一种药物来使用。据说，将生马铃薯敷在皮肤上可以缓解蚊虫叮咬、头痛、冻疮以及晒伤，甚至可以用来除疣。

马铃薯在欧洲国家最终还是成为一种很受欢迎的食物。当遇到饥荒年代，或者其他粮食作物减产的时候，马铃薯是一种可以信赖的食物来源。马铃薯在贫瘠的土地里和不理想的天气条件下都可以生长得很好。和传统粮食作物相比，种植马铃薯更简单也更便宜。与水稻、小麦这样的农作物相比，马铃薯的产量更高。一公顷马铃薯就可以养活近二十个人。在很多地区，马铃薯一年四季都可以收获。

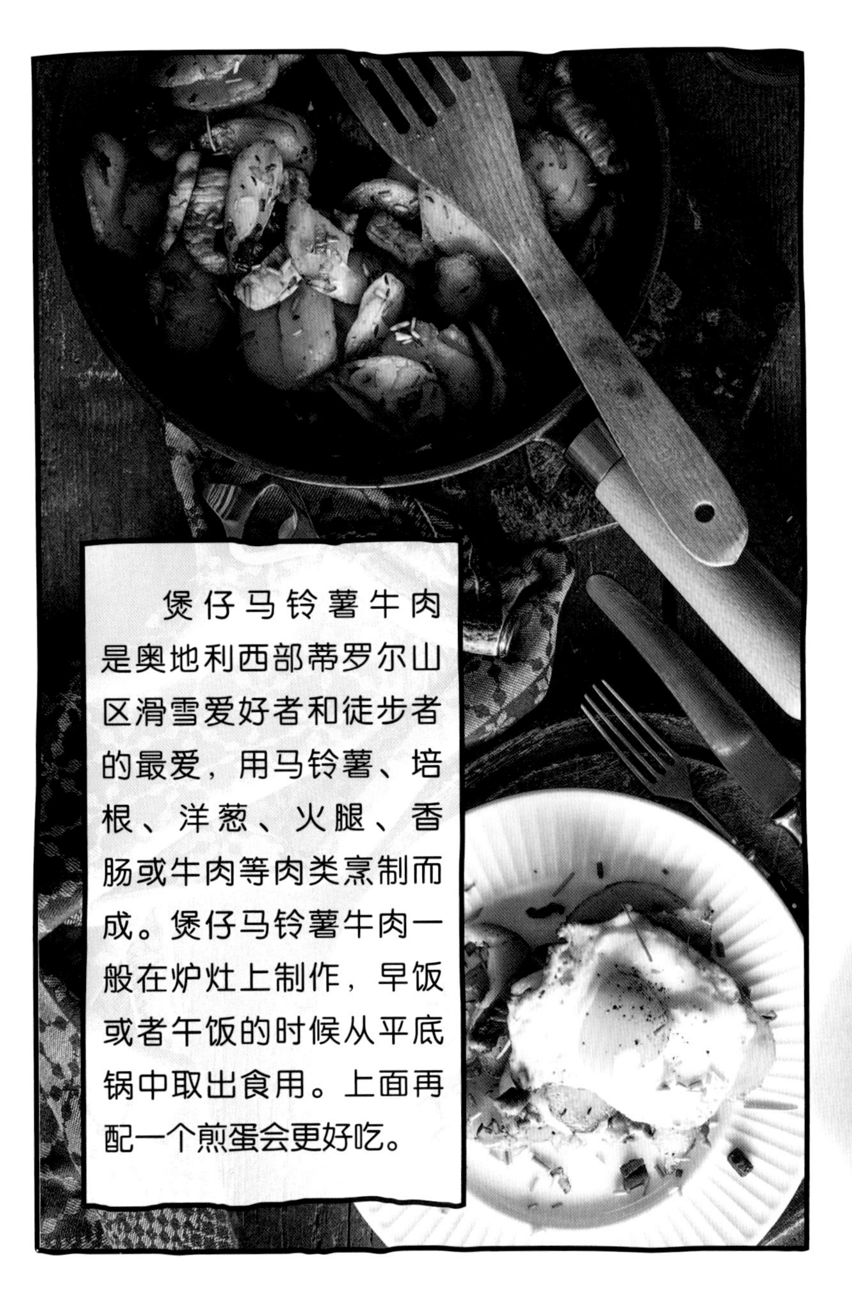

煲仔马铃薯牛肉是奥地利西部蒂罗尔山区滑雪爱好者和徒步者的最爱，用马铃薯、培根、洋葱、火腿、香肠或牛肉等肉类烹制而成。煲仔马铃薯牛肉一般在炉灶上制作，早饭或者午饭的时候从平底锅中取出食用。上面再配一个煎蛋会更好吃。

你知道吗？ 有十多亿人每天会至少吃一个马铃薯。

马铃薯战争

18世纪末，欧洲爆发了一场“马铃薯战争”。它实际上是巴伐利亚继承王位之战（1777-1778年），是一场普鲁士和奥地利之间的短暂战争。之所以被称为“马铃薯战争”，是因为在那个寒冷的冬天里，双方饥饿的士兵们不是在打仗，而是忙于在冷冻的马铃薯田里寻找食物。

种植了超过360种马铃薯的

德国是欧洲第三大马铃薯生产国，也是世界上马铃薯产量前十的国家之一，仅次于俄罗斯和乌克兰。18世纪，马铃薯从荷兰引入德国，之后一直主要用于饲养动物，直到一场饥荒席卷了这个国家。这时普鲁士国王腓特烈大帝看到了马铃薯的营养价值，签署了“马铃薯法令”，命令德国人种植马铃薯以养活自己。但也花费了一些时间，才使得种植马铃薯流行起来。

如今，马铃薯占了德国饮食的很大一部分，每个地区都有自己独特的马铃薯烹饪方法，包括炸、烤、切片、切丝、做成泥、卷成卷，或者是做成薯条、薯片等。在德国，马铃薯沙拉是聚会时的必吃菜。

KARTOFFEL!

马铃薯在德语里是kartoffel。

马铃薯煎饼是德国很多圣诞集市中的常见佳肴，又叫油煎马铃薯饼，是由马铃薯丝拌上洋葱炸制而成的。传统吃法是淋上苹果酱、糖蜜等并搭配烟熏三文鱼或者酸奶一起吃。这道菜尤其受小朋友的欢迎。

在德国，人们每餐都会吃马铃薯。不管早饭、午饭、晚饭还是饭后甜点，德国人都会吃些马铃薯，包括马铃薯汤、炸马铃薯、马铃薯煎饼和马铃薯饺子。浓郁的马铃薯饺子可以作为主菜、配菜、汤或者甜点食用。有的马铃薯饺子里会包上水果或者肉馅。

马铃薯之爱

德国人对马铃薯有着永无止境的好胃口。每个德国人平均一年要吃掉超过68千克的马铃薯。

曾经将马铃薯视为非法食物的

法国

马铃薯在法国被叫作pommels deterre。数百年来，马铃薯一直是法国食谱的重要组成部分。法国是欧洲新鲜马铃薯的最大出口国，但马铃薯一开始在法国并不是一种受欢迎的食物。

和德国人一样，法国人需要被说服后，才能相信马铃薯的好处。1748年，法国议会禁止人们种植马铃薯。他们认为马铃薯引发了疾病，只能用来喂猪。这项马铃薯禁令延续了24年。

安东尼-奥古斯丁·帕门蒂埃，是一名法国陆军军医官和药剂师，许多人认为是他使得马铃薯在法国流行了起来。在作为战俘被关押期间，他们只给帕门蒂埃吃马铃薯。出人意料的是，他并没有生病。当他1763年回到法国的时候，他开始大力宣扬马铃薯对健康的益处，吸引法国人吃这种美味的蔬菜，使得马铃薯在法国人气飙升。

适合皇室的花

18世纪末，法国王后玛丽·安托瓦内特是马铃薯的忠实爱好者。她非常喜欢马铃薯，甚至会在头发上戴上漂亮的马铃薯花。她的丈夫法国国王路易十六，则会把马铃薯花戴在扣眼上。

一道很有名的法国菜——奶香焗烤马铃薯，是把马铃薯和牛奶或者奶油、大蒜、肉豆蔻一起烘焙而成的。这道菜里一般不放奶酪，但可以随时添加自己喜欢的调味料！

炸薯条

历史背后的奥秘

炸薯条是世界上最知名的配菜之一。比利时和法国都声称是他们在18世纪发明了炸薯条，然而历史学家对他们的说法都表示质疑。但有一点可以肯定的是，第一次世界大战期间，在这两个法语国家服役的美国士兵深深地爱上了这种脆脆的油炸马铃薯，他们称之为“法式炸薯条”，简称为“炸薯条”或者“薯条”。

薯条还是那个薯条！

美国人管这种油炸的细长马铃薯条叫French fries，但它的名字翻译在不同国家或地区会有所差异。比如法国人管它叫pommes frites或者只叫frites，澳大利亚人、爱尔兰人、新西兰人、南非人和英国人管它叫chips、skinny fries或者shoestring fries。

试试这个！

用烤箱烤制的薯条是油炸薯条的替代品。烹制的关键是要保证薯条金黄酥脆，外焦里嫩。

烤薯条

分量：4人份

配料

2个大黄肉马铃薯　4茶匙特级初榨橄榄油　½ 茶匙盐

步骤

1. 将烤箱预热至232℃。
2. 马铃薯削皮，切成粗条。放入大碗中，冷水浸泡约30分钟。之后用厨房用纸彻底拍干马铃薯条的水分。
3. 把吸干水分的马铃薯条放入碗中，加入橄榄油和盐，颠一下直至油盐沾裹均匀。
4. 裁一块烘焙纸铺在烤盘上，把马铃薯条平铺在烤盘上，不要粘在一起。
5. 烤20~25分钟。烘焙时间会根据马铃薯条的粗细而变化。

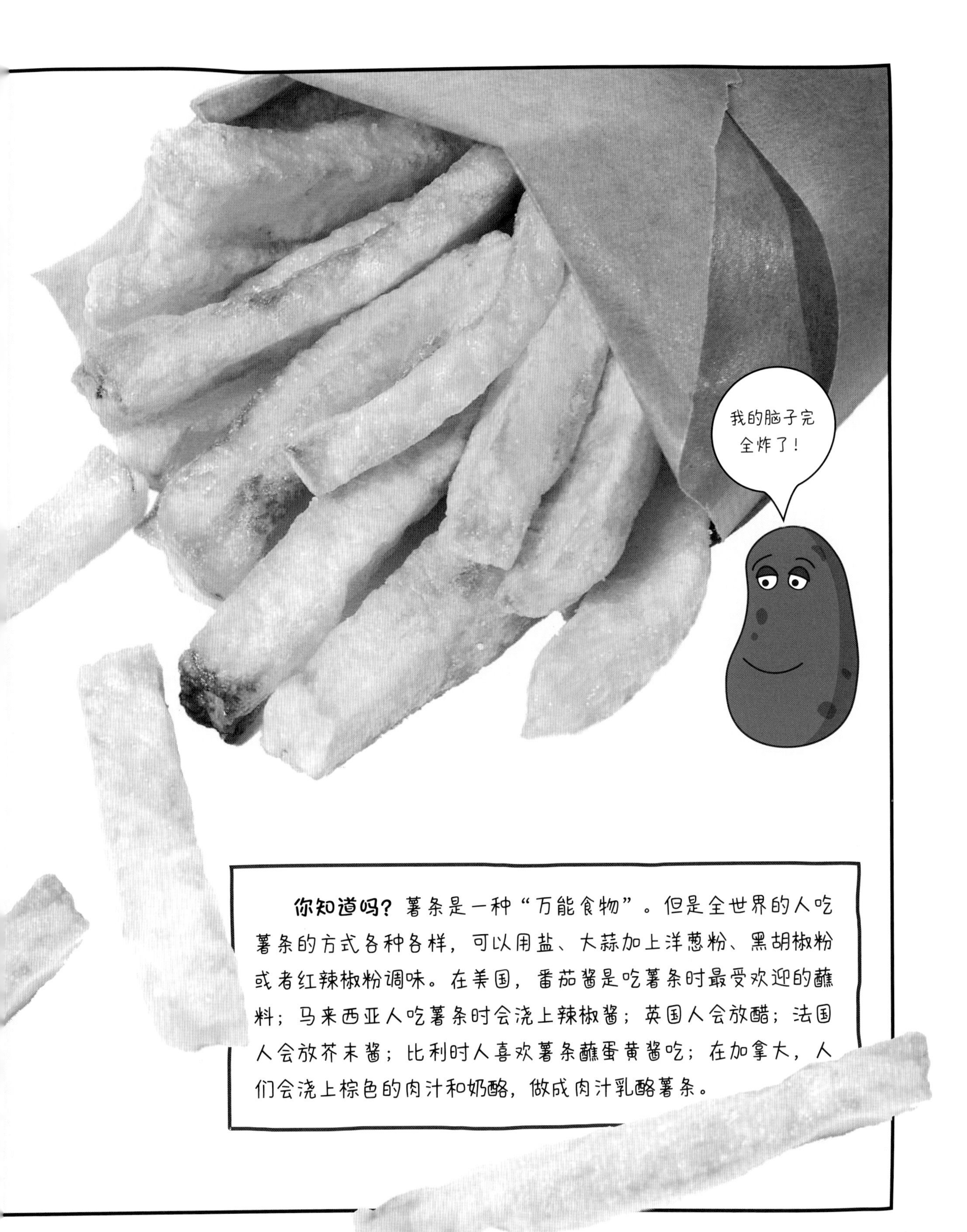

你知道吗？ 薯条是一种“万能食物”。但是全世界的人吃薯条的方式各种各样，可以用盐、大蒜加上洋葱粉、黑胡椒粉或者红辣椒粉调味。在美国，番茄酱是吃薯条时最受欢迎的蘸料；马来西亚人吃薯条时会浇上辣椒酱；英国人会放醋；法国人会放芥末酱；比利时人喜欢薯条蘸蛋黄酱吃；在加拿大，人们会浇上棕色的肉汁和奶酪，做成肉汁乳酪薯条。

一种重要的粮食作物，马铃薯在

爱尔兰

数百年来，马铃薯一直是爱尔兰人喜欢的食材，也是爱尔兰的重要粮食作物。爱尔兰人吃马铃薯非常出名，以至于人们又把马铃薯叫作“爱尔兰马铃薯”。

19世纪初，大部分爱尔兰工人阶级家庭以马铃薯为生，几乎没有其他东西。每个家庭一天大概要吃掉4.5千克马铃薯。

对你太好啦！

马铃薯的钾含量比香蕉高，维生素C含量比橙子高，膳食纤维含量比苹果丰富。

看起来好好吃啊！

马铃薯至今仍是爱尔兰人餐桌上的主食，一顿爱尔兰简餐通常有马铃薯、卷心菜和肉。爱尔兰最著名的传统美食爱尔兰炖菜，是马铃薯、洋葱、胡萝卜以及其他配料一起煮制而成的。

你知道吗？ 19世纪40年代，一种叫作枯萎病（疫病）的农作物疾病席卷了欧洲很多国家的马铃薯种植业，而农作物的歉收对爱尔兰的打击尤其巨大，大约有一百万人死于饥饿或者疾病。还有一百万人背井离乡到美国谋生。这一事件就是人们所熟知的爱尔兰大饥荒。

马铃薯粉

很多食谱中会用到马铃薯粉，它是用去皮晒干的马铃薯磨成的粉。

马铃薯粉是一种很棒的增稠剂，可以使酱汁、肉汁和汤汁更顺滑，非常适合用于烘焙和无麸质烹饪中。

爱尔兰人用马铃薯泥制作出了一些非常受欢迎的特色饭菜，包括马铃薯蛋糕、马铃薯煎饼（一半是煎饼一半是炸马铃薯饼）、马铃薯卷心菜泥（用羽衣甘蓝或卷心菜和葱制成的绿色马铃薯泥），还有通常在万圣节时食用的奶油洋葱马铃薯泥！

如何制作马铃薯泥？

马铃薯泥是把煮熟的马铃薯捣碎并加入牛奶、黄油、盐和黑胡椒做成的一道名菜。人们还可以根据自己的口味喜好往其中加入不同的食材配料。一些可以加入的增味食材包括酸奶、大蒜、奶酪、培根、洋葱和不同的香草。当然，奶制品和黄油越多，薯泥越好吃！

让我们舞动起来吧！

1962年，大家都在跳“马铃薯泥”舞。这个舞蹈动作首先由灵魂歌手詹姆斯·布朗在他的音乐会上普及开来。

试试这个！

参考这个食谱，做出完美的马铃薯泥吧！

奶油梦幻马铃薯泥

分量：10~12人份

配料

2.5千克黄肉马铃薯，去皮，切成1厘米左右大小的小方块
12汤匙无盐黄油
1杯温牛奶
¾杯酸奶油
盐和胡椒粉

步骤

1. 取一个大锅，装⅔锅冷水。加入少量的盐，再加入切成块的马铃薯。
2. 把锅放在炉子上，小火煮开。因为马铃薯在快速煮开的水中很容易煮散，所以要小火慢煮。
3. 将马铃薯煮软到可以将叉子轻松插进马铃薯里。将马铃薯捞出，滤干水分，静置3分钟，让水分蒸发。
4. 将马铃薯捣碎。最好使用压泥器，做出松软细腻的质地。搅入黄油、温牛奶和酸奶油。再加入盐和胡椒粉调味，尝一下味道。
5. 立即享用吧！马铃薯泥刚做好时最好吃啦！

你知道吗？ 马铃薯泥也有可能被挤压过度，挤压过度的马铃薯泥吃起来黏糊糊的。这是因为在挤压马铃薯的时候，马铃薯会释放出淀粉，导致吃起来有一种胶质的口感。不好吃！

绿色的就不好吃啦！

如果马铃薯是绿色的，那就意味着它已经暴露在光线里啦，这样的马铃薯会有点苦苦的味道，而且有毒，不能再食用了。

马铃薯泥大变身

马铃薯泥是最常见的剩饭，全世界的人都用它来做各种各样的美食。比如在英国，剩马铃薯泥可以和其他配料一起做成咸味牧羊人派或者卷心菜煎马铃薯（煮熟的卷心菜和马铃薯泥还有肉一起煎）；中国人会把马铃薯泥和炒辣椒、大蒜、火腿、茴香一起做成老奶洋芋（辣马铃薯泥）；德国人则用马铃薯泥和苹果一起做成天与地（一种传统德国菜，天指树上的苹果，地指地里的土豆）；在意大利，剩马铃薯泥会被做成一种叫作汤团的美味饺子。

英国牧羊人派

意大利马铃薯汤团

秘密武器

剩马铃薯泥可以作为面包师的秘密武器，用来为蛋糕和面包等烘焙食品增加水分。马铃薯泥会使蛋糕更轻更蓬松，也可以使肉汁和酱汁更加黏稠。

你知道吗？ 马铃薯泥在1952年法国RT公司出品的首款即食马铃薯泥的时候改头换面了，它们被称为“马铃薯泥颗粒”。

试试这个！

波兰饺子被认为是波兰国菜，它的各种变体在整个中东欧都很受欢迎。馄饨皮不是做波兰菜的传统配料，但用它们来做波兰饺子可以节省材料准备时间。

快速简单的马铃薯饺子

分量：3~4人份

配料

1杯剩马铃薯泥　1碗水
½杯磨碎的白切达干酪
3汤匙黄油
盐和胡椒粉
装饰用欧芹碎末（选用）
1包馄饨皮

步骤

1. 将马铃薯泥和奶酪混合在一起，加入盐和胡椒粉调味，尝一下味道。
2. 用圆饼干刀把馄饨皮切成圆形。
3. 在馄饨皮中间放一汤匙拌好的马铃薯泥。
4. 用刷子或者手指沾水把馄饨皮的边缘打湿。将馄饨皮对折，在马铃薯泥馅料周围轻轻压一下挤出气泡，向下按压将边缘压紧。放在烘焙纸上，重复以上步骤直至马铃薯泥馅料包完。
5. 取一个大煎锅，熔化黄油。
6. 取一大锅水烧开，把饺子下到开水里。注意不要让手碰到水，或者把热水溅出来。
7. 饺子浮上来之后，用滤网或大漏勺把饺子捞出来，尽量滤干水分后，转移到煎锅中，轻轻晃动煎锅，使饺子裹上黄油。
8. 用中小火把饺子煎至金黄。
9. 将饺子盛到盘子里，用一点欧芹碎末做装饰。与酸奶油一起，趁温热食用。

温馨提示

- 馄饨皮很容易变干，所以没用过的皮要用保鲜膜包起来。
- 把包好的饺子放到烘焙纸上的时候，不要重叠在一起，避免粘连。
- 请成年人帮忙往热水中下饺子和捞饺子。
- 也可以用焦糖洋葱和培根块来做装饰。

马铃薯成为最好的蔬菜作物，在

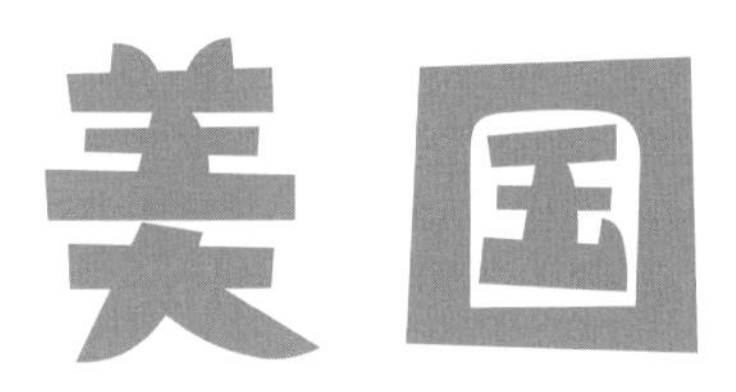

美国

虽然马铃薯起源于南美洲，但直到17世纪初人们把它从欧洲带过来，才开始在北美种植。在北美殖民地时期，马铃薯并不是一种主要的作物，直到1719年爱尔兰移民把马铃薯带入新汉普郡之后，马铃薯才开始在这片大陆传播开来。

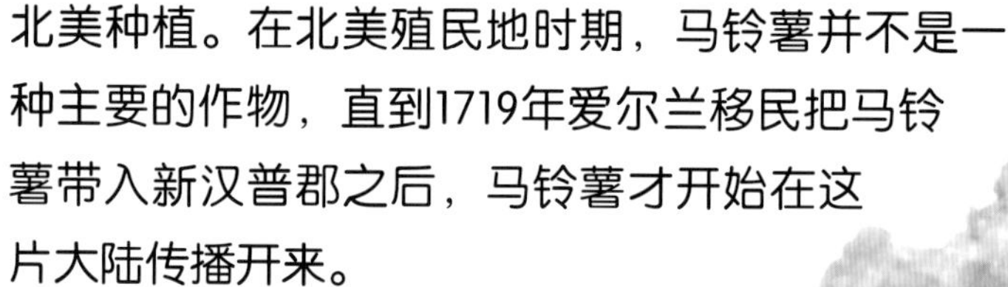

油炸马铃薯丸子是美国人的发明，这一口大小的油炸马铃薯是由创立新奥丽达冷冻马铃薯公司的两兄弟在俄勒冈发明的。1953年，F.尼腓和金T.格里格想到了一个绝佳的方法，来处理他们日益壮大的薯条生意剩下的马铃薯下脚料。他们把下脚料磨成泥并团成了球，油炸后速冻起来。1954年，两兄弟来到迈阿密全国马铃薯大会上测试他们的“美味黄金”，结果参会者狼吞虎咽就把它们吃完了。油炸马铃薯丸子从此变成了完美的配菜、开胃菜或者零食。

把我们算进去吧！

美国是世界上第五大马铃薯生产国，其中艾奥瓦州和华盛顿州是两个最大的马铃薯种植州，他们生产的马铃薯产量约占美国总产量的一半。

你知道吗？ 在1897~1898年的克朗代克淘金热和阿拉斯加淘金热中，金子很多但营养价值高的食物却很少，很多矿工都生病了。于是当地的医生开始让人们每天吃有营养的马铃薯，这使得马铃薯的价格一路飙升，结果导致矿工们只能用金子换取马铃薯。

一个玩具

孩之宝玩具公司用马铃薯制作了一款儿童玩具——马铃薯头先生。第一版马铃薯头先生是用真马铃薯和一些塑料配件做成的，后来孩之宝公司把真马铃薯也换成了塑料马铃薯。

排名第一的零食

薯片

薯片是世界上最受欢迎的马铃薯零食，但历史学家也不知道是谁发明了薯片。通常人们认为是美国厨师乔治·克鲁姆于1853年在纽约发明了薯片，但实际上可能有人在他之前就做过薯片。不管是谁发明了薯片，我们都要感谢他！薯片已经连续超过50年被认为是美国排名第一的零食。

零食！

美国人一年吃掉超过4.5亿千克薯片！

你知道吗？ 直到20世纪50年代，薯片还只有原味一种口味。之后，全世界的薯片商给这种零食增加了不同的口味，现在薯片的口味已有上千种。在美国，最畅销的口味是烧烤味和酸奶油洋葱味。其他国家的薯片口味还有牛肉味、辣椒味、酱油味、薄荷味、黄油味、海藻味、鱼和炸薯条味、烤牛肉味、脆皮鸭味、章鱼味和卡津松鼠味等。

如今，大部分美国人以薯片的形式食用马铃薯这一他们最爱的蔬菜。一家美国的工厂2个小时就可以生产3 200千克的薯片。

试试这个！

在这些稍带咸味、入口即化的黄油饼干中，加入了薯片这个秘密武器，肯定会更受大家的喜爱！

薯片饼干

分量：36~48块

配料

1杯黄油
1茶匙香草
½杯糖
1½杯面粉
1个鸡蛋黄
½ 杯捣碎的薯片

步骤

1. 预热烤箱至177℃。
2. 将黄油和糖用搅拌器中速打发至丝滑，加入蛋黄和香草。
3. 小心加入面粉，并搅拌均匀。
4. 用手加入薯片。
5. 将汤匙大小的面糊圆圆地滴在铺着烘焙纸的烤盘上，大约烤12~15分钟或烤至边缘变成淡金黄色。
6. 将热饼干放到架子上晾一下。

它就在袋子里！

薯片的包装袋从来都不会装满，因为加入了氮气来保护薯片，免得薯片被压碎了。

葡萄牙商人将马铃薯引入

中国是世界上最大的马铃薯生产国，中国人消耗的马铃薯也比世界上其他国家的人多。这可能是因为中国人口众多。

但是，马铃薯对于中国人来说并不是一种主要的食物，人们已经吃了数千年的大米和面食。17世纪中叶，马铃薯被第一次引入中国的时候，主要是作为穷人的一种食物。然后，西方快餐店将薯条引入了中国。时至今日，中国人已经敞开怀抱迎接马铃薯了，大部分中国人用中式传统烹饪方式来烹制马铃薯——与肉类和其他蔬菜一起炒或者炖。

就是一种菜

中国人把马铃薯当作一种美味蔬菜和米饭一起吃。这和其他国家不同，许多国家因马铃薯的淀粉含量很高，用马铃薯代替了米饭。

不要忘了大蒜我啊！我可是调味能手！

川味炒土豆丝是一道最家常的中国菜。将切成细丝的马铃薯和大蒜、干辣椒或者鲜辣椒一起炒至清脆，然后加入酱油和醋调味。这道美味佳肴要配白米饭趁热吃。

现在，为了解决水土资源日益短缺的问题，中国正努力使营养价值较高的马铃薯变成全国人民的主食。和水稻及其他主要农作物相比，马铃薯更容易培育。而且与粮食种植相比，马铃薯用水量更少，亩产更高，占地面积更小。多种植马铃薯有助于满足中国人口增长带来的粮食需求。

秀刀工

中国人切马铃薯的方式很特别，他们用刀把马铃薯切成丝。实际上，有的厨师会通过展示他们把马铃薯丝切得多薄多细，来秀他们的刀工。

有利的气候条件下长势良好，马铃薯在

印度

17世纪初，马铃薯从葡萄牙传入印度，印度炎热的夏季和短暂的冬季非常适合马铃薯生长。马铃薯在南亚语中叫作aloo。如今，印度是世界第二大马铃薯生产国，仅次于中国。

印度菜色彩丰富，口味繁多且有很多传统美食，也有一系列美味的街头小吃。街头小吃在印度城市的小摊上都有售卖。

马铃薯在印度的很多地区都被当作主食，那里的很多人都是素食主义者。在很多印度区域菜中，马铃薯是一种主要的食材。很多咖喱菜和肉菜中也有马铃薯。

素汉堡或者叫双层面包在印度是一种很受欢迎的街头小吃，是一种用马铃薯作为主要食材的素食汉堡，又叫作卡其素汉堡，印度全国上下都爱吃它。素汉堡的做法是加热一个汉堡胚，里面加入煮马铃薯和一种特殊的马莎拉（辣椒的混合物），并用烤花生和石榴籽做点缀。

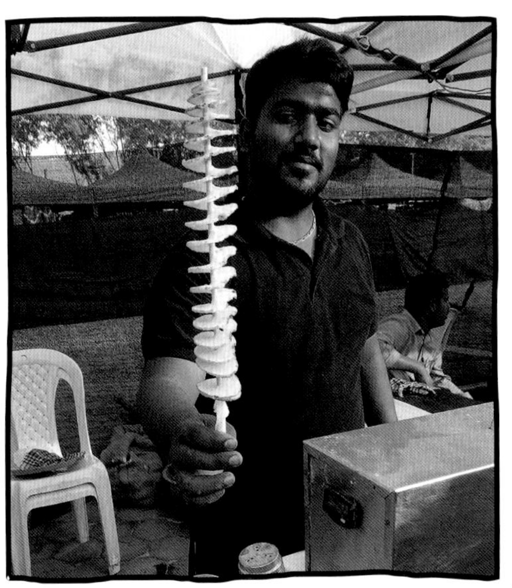

旋风马铃薯

在印度最大的城市孟买，你可以找到很多时髦的街头小吃，最有名的快餐小吃叫作旋风马铃薯或者扭扭马铃薯，叫这个名字可能是因为它看起来有点像龙卷风。它是由一整颗马铃薯旋转切割后串在长竹签上，裹上面糊油炸而成的，一般都是趁热吃。可以吃原味的也可以加调料吃。

19世纪中期，开始种植马铃薯的

俄罗斯

俄罗斯是世界第三大马铃薯生产国，前两个国家分别是中国和印度。马铃薯是俄罗斯菜的主角，几乎每顿饭菜里都有它。马铃薯也是俄罗斯人最经常吃的蔬菜之一。

乳酪面包是一种很有名的俄罗斯食物，它是一种开口的小圆面包，像丹麦酥或者平摊馅饼一样，这个小圆面包凹进去一块，外面有馅儿。地道的乳酪面包里都有加了糖的干酪馅儿，但是也可以有很多其他口味的馅儿，咸的甜的都可以，比如马铃薯泥、奶酪、果酱和肉。

咱们吃饭吧

传统的俄罗斯饭分量很大，大部分俄罗斯人在中午的时候吃正餐，马铃薯通常是正餐的主要组成部分。

很多住在城市里的俄罗斯人都有一个叫作乡间宅邸的夏季避暑场所。这样的宅邸为俄罗斯人种马铃薯和其他蔬菜提供了机会，可以种植足够吃一整个冬天的菜。实际上，俄罗斯人管他们的避暑之旅叫作“Na kartoshka”，意思就是去种马铃薯。

你知道吗？ 巧克力马铃薯并不是真的马铃薯，它们只是外形看起来像马铃薯的小蛋糕，但里面其实没有马铃薯。其做法是用黄油和其他配料把吃剩的蛋糕或者饼干屑糅合在一起后，放在冰箱里冷藏定型就可以。

克隆

现在所有的马铃薯几乎都是克隆出来的。也就是说，它们是用整个种薯或者一小块一小块的种薯种出来的。新长出来的马铃薯和作为种薯的马铃薯的DNA是一样的。

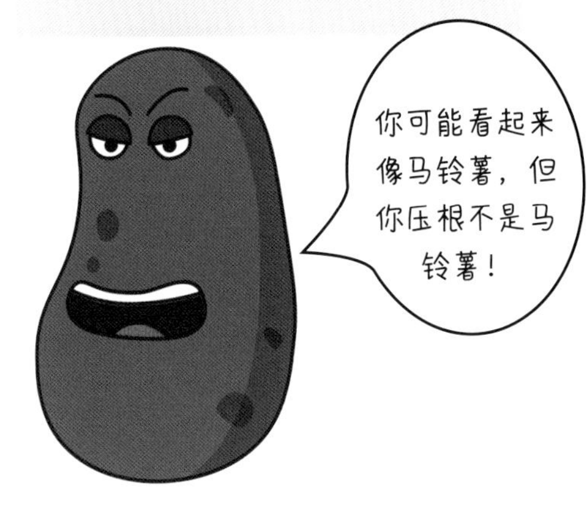

又热又好吃的

我们都有自己最喜欢的烹饪马铃薯的方式，但做马铃薯最简单最有趣的方法是放在烤箱里烤。一个完美的烤马铃薯应该是外皮酥脆而里面松软。马铃薯切开之后就可以根据它的用途是作为简单的配菜还是丰盛的主餐，来添加各种各样的配料。最普遍的配料是黄油、盐和胡椒粉，其他配料有韭菜、洋葱碎、奶酪、酸奶油、培根或者肉馅。

要让蒸汽出来

马铃薯烤好之后，一定要开一个小口放一下水蒸气。否则，里面会变得黏糊糊的，不松软。

一些美国餐馆里有带馅儿的烤马铃薯。把马铃薯里面的“肉”用勺子舀出来，然后和奶酪、肉、辣椒或者花菜混合后再塞进“马铃薯壳”里，做成一道“二次烘焙”或者“满载”的烤马铃薯。很多地方，比如英国说的烤马铃薯是指“带皮烤马铃薯”。英国人会用完全不同的配菜，比如烤豆子和金枪鱼沙拉来搭配烤马铃薯。在土耳其，搭配烤马铃薯的有甜玉米、香肠、蘑菇和胡萝卜。

试试这个！

赫塞尔贝克马铃薯是瑞典的一个叫赫塞尔贝克的餐馆在1953年发明的一种烤马铃薯。这些漂亮的马铃薯削了皮之后，被横向切成了非常薄的薄片，散开就像手风琴一样。

赫塞尔贝克马铃薯

分量：4人份

配料

4个中等大小的褐色马铃薯
10~14片干奶酪，切成2.5厘米长的方块
2汤匙橄榄油
盐和胡椒粉
⅓杯帕尔马干酪丝

步骤

1. 烤盘上铺上铝箔纸，预热烤箱至232℃。
2. 把马铃薯放在两根木筷子中间，小心地切成3毫米厚的片，不要切断。其他马铃薯也照此处理。
3. 把马铃薯放在烤盘上，间隔5厘米，刷上橄榄油，并使油浸入马铃薯片之间。用盐和胡椒粉调味，尝一下咸淡。烘焙55~60分钟或直至马铃薯变软。
4. 把马铃薯从烤箱里拿出来。用叉子将马铃薯片分开，在其中放入一片奶酪。马铃薯很烫，做这一步的时候一定要小心。在马铃薯上撒上帕尔马奶酪，然后再放回烤箱烤至奶酪熔化，大约需要3分钟。
5. 从烤箱中取出马铃薯，享用吧。

完美暖手宝

在马车时代，冬天的时候人们会在衣服口袋里放上热乎乎的烤马铃薯暖手。暖完手的马铃薯就被当成零食吃掉啦！

生长旺盛！马铃薯在

非洲

马铃薯在19世纪左右传入非洲，有的地方是在20世纪初。非洲的高原很适合种植马铃薯。在非洲南部和北非的一些地区，马铃薯在凉爽的冬季也长得很好。

从20世纪90年代中期开始，非洲的马铃薯产量翻了三倍多。如今在一些非洲国家，马铃薯的产量仍在持续提高。安哥拉和南非是非洲的马铃薯生产大国，从小型家庭菜园到大型商业农场，都可以种植马铃薯。

马铃薯是良药啊！

非洲的野生马铃薯是一种用来制药的植物。南非人因为这种植物的治疗效果把它当作一种草药。据说它还能用来防御风暴和摆脱噩梦。

你知道吗？在南非，人们在星期天的下午最喜欢做的事是户外烧烤。户外烧烤和露天烧烤、野餐有点像，亲戚朋友们相聚一堂，吃一顿烤肉，非常愉快。但若没有大碗马铃薯沙拉，这一次户外烧烤就是不完整的。另一道不可或缺的配菜是用千层马铃薯片和焦糖洋葱配上帕尔马奶酪烤制的奶油马铃薯。

北非尤其是摩洛哥的传统烹饪会用到**塔吉**锅。塔吉锅既可以当作烹饪工具又可以作餐具。作餐具的话，有一个宽宽的、浅浅的陶瓷盘或黏土盘，还有一个锥形的盖子。大部分塔吉菜都要在盘子底铺一层洋葱，上面放上肉、蔬菜、调料等其他食材。在摩洛哥鱼塔吉锅中，洋葱上还要放上一层马铃薯丝，再放上鱼、蔬菜和其他调料。

太空马铃薯

1995年，马铃薯成为首个在太空种植的蔬菜。美国宇航员登上美国哥伦比亚号航天飞机，并在轨道上用弹球大小的被称为微型马铃薯的种薯，种出了五个小马铃薯。

为什么选马铃薯呢？

美国国家航空航天局（NASA）即美国航天局，帮助发展了在太空种植马铃薯的技术，目标是在漫长的太空任务中为航天员提供食物。

美国航天局还想在火星种马铃薯。因为马铃薯太容易种植了，所以美国航天局的科学家们志在证明，马铃薯在任何地方都能种植，即使是火星这种又冷又干的环境中也可以。虽然现在听起来好像是另外一个世界的事情，但在不久的将来，这可能变成一种现实。美国航天局已经定下了要在2030年左右把人类送入火星的目标。

美国航天局的科学家们报告了命名为“火星马铃薯”的马铃薯种植试验的佳绩，他们模拟了火星残酷的气候条件，从秘鲁沙漠取了土放在盒子里，种下马铃薯后把盒子封好，最终竟然真的长出了一株马铃薯植株。

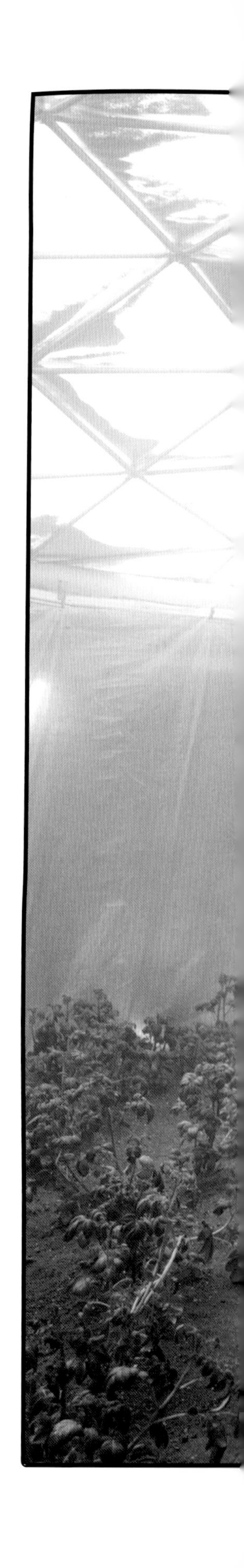

你知道吗？在火星种植马铃薯其实是一部电影的主题。这部科幻电影《火星救援》（2015）讲述的是一名植物学家兼宇航员遭遇了风暴，只带着包括几颗马铃薯在内的极少的给养登陆了火星。他靠在火星上种出的足够多的马铃薯来养活自己，直到救援到来。
带我去找你的长官！

自己种马铃薯

自己种马铃薯很有趣也很简单，你只需要一个容器、肥沃的土壤和一个能有6~8小时光照的地方。

因为马铃薯生长在地下，所以你需要一个又大又深的容器，比如一个约19升的桶。越深越好，因为随着马铃薯发芽、生长，你还需要往里加土。此外，容器底部一定要有排水口。

要选择速生种薯。为避免马铃薯过密，去掉一部分嫩芽，每株只留2~3个芽。

在容器中装上10厘米高的土，上面放上3~4个种薯，种薯之间间隔大一点。嫩芽应该朝上。在马铃薯上盖上10~15厘米的土，好好浇水。当嫩芽长到高出土表10厘米的时候，盖上土，只把最上面的叶子留在外面。继续加土直到容器中装满土。保持土壤潮湿但不要太湿，太湿的话马铃薯会烂掉。加点肥料更好，注意根据包装上的说明施肥。

马铃薯开花之后很快就可以收割了。茎部变黄之后就不要浇水了，此时植株开始衰败。过几天之后就可以把容器倒过来收获马铃薯啦。把马铃薯上的土去掉，在凉爽干燥的地方放几天，就可以储存起来了。

你知道吗？ 如果马铃薯受到一定压力的话，会长出很有意思的形状。长时间超过32℃的高温，或者不及时浇水，都会导致马铃薯长出奇怪的形状。当土壤中的水分消耗殆尽，马铃薯就会停止生长。当土壤中又有了水分，马铃薯会长出一个新的块茎。这就是为什么有时马铃薯的形状看起来会很搞笑！

为马铃薯庆祝！

八月十九日是美国国家马铃薯日。

趣味问答

刚刚跟随马铃薯完成环球旅行之后，你还记得多少知识内容呢？来回答下面这些有趣的问题吧，答案是前面出现过的国家或地区的名称。

1. 世界上的大部分马铃薯产自哪里？
2. 19世纪40年代马铃薯枯萎病在哪里导致约一百万人死于饥饿或疾病？
3. 哪里的野生马铃薯被当作草药？
4. 在哪里能吃到一种名为旋风马铃薯的街头食品？
5. 18世纪在哪里发生过“马铃薯战争”？
6. 在哪里能吃到形状像马铃薯的巧克力蛋糕？
7. 马铃薯起源于哪里？
8. 在哪里马铃薯曾经是非法食物？
9. 哪里有用真马铃薯制作的儿童玩具？
10. 哪里的国王曾颁布“马铃薯法令”，命令人们种植马铃薯来养活自己？

答案：

1. 中国　2. 爱尔兰　3. 非洲
4. 印度　5. 欧洲　6. 俄罗斯
7. 南美洲　8. 法国　9. 美国
10. 德国

词汇表

川味：中国烹饪方式的一种，以香辣闻名。

咖喱：一种用辣椒、姜黄和多种香辛料种子混合制成的辣椒酱。咖喱是一种很受欢迎的印度调味料。

焗：在盘子里用酱汁和面包屑烘烤。

kartoshka：俄罗斯语的马铃薯叫法。

考古学家：研究古时候人类、风俗和生活方式的人。

块茎：马铃薯固态、厚实、可食用地下茎的部分。

马莎拉：印度烹饪中常用的调料混合物。

培育：通过耕作、除草以及播种来帮助植物生长。

丘诺：通过室外冷冻、化冻和风干做成的冻马铃薯干，是玻利维亚和秘鲁印第安人的主要蔬菜食物。

塔吉：指一种北非的烹饪工具，也指在一种有锥形锅盖的陶瓷或者黏土浅盘里做出的炖肉和蔬菜。

芽眼：马铃薯上的小芽，可以长出新芽。

种薯：用来培育马铃薯植株的整个或者切成块的马铃薯。

温馨提示

在厨房处理食物时，请牢记这些提示，以确保你的烹饪工作顺利、安全地进行。
接下来，享用你制作的美味佳肴吧！

- 在开始准备食物之前、在接触过生鸡蛋或肉之后，都需要清洗双手。
- 彻底清洗水果和蔬菜。
- 处理火锅、平底锅或托盘时，请戴上烤箱手套。
- 使用刀具、燃气灶或烤箱时，请成年人来帮忙。

版权贸易合同登记号　图字：01-2022-6725

图书在版编目（CIP）数据

一脚踏进美食世界. 马铃薯 / 美国世界图书出版公司著 ; 柳玉译. -- 北京 : 电子工业出版社, 2023.6
ISBN 978-7-121-45274-1

Ⅰ. ①一… Ⅱ. ①美… ②柳… Ⅲ. ①马铃薯－少儿读物 Ⅳ. ①TS2-49

中国国家版本馆CIP数据核字(2023)第071429号

责任编辑：温　婷
印　　刷：天津图文方嘉印刷有限公司
装　　订：天津图文方嘉印刷有限公司
出版发行：电子工业出版社
　　　　　北京市海淀区万寿路 173 信箱　邮编：100036
开　　本：889×1194　1/16　印张：24　字数：202 千字
版　　次：2023 年 6 月第 1 版
印　　次：2023 年 6 月第 1 次印刷
定　　价：208.00 元（全 8 册）

凡所购买电子工业出版社图书有缺损问题，请向购买书店调换。若书店售缺，请与本社发行部联系，联系及邮购电话：（010）88254888 或 88258888。

质量投诉请发邮件至 zlts@phei.com.cn，盗版侵权举报请发邮件至 dbqq@phei.com.cn。

本书咨询联系方式：（010）88254161 转 1865，dongzy@phei.com.cn。